Mᵐᵉ Colomba VORONCA-SPIRT

LICENCIÉE ÈS SCIENCES DE L'UNIVERSITÉ DE BUCAREST

RECHERCHES

SUR

LA PRÉSENCE DU TITANE

CHEZ LES VÉGÉTAUX ET CHEZ LES ANIMAUX

PARIS

IMPRIMERIE DE LA COUR D'APPEL

1, RUE CASSETTE, 1

1929

Mme Colomba VORONCA-SPIRT

LICENCIÉE ÈS SCIENCES DE L'UNIVERSITÉ DE BUCAREST

RECHERCHES

SUR

LA PRÉSENCE DU TITANE

CHEZ LES VÉGÉTAUX ET CHEZ LES ANIMAUX

PARIS

IMPRIMERIE DE LA COUR D'APPEL

1, RUE CASSETTE, 1

1929

A Monsieur le Docteur E. ROUX

MEMBRE DE L'INSTITUT
MEMBRE DE L'ACADÉMIE DE MÉDECINE
DIRECTEUR DE L'INSTITUT PASTEUR

A Monsieur le Professeur Gabriel BERTRAND

MEMBRE DE L'INSTITUT ET DE L'ACADÉMIE D'AGRICULTURE
PROFESSEUR A LA FACULTÉ DES SCIENCES
CHEF DE SERVICE A L'INSTITUT PASTEUR

Hommage de reconnaissance.

A MES PARENTS

A MON MARI

A MON FRÈRE

RECHERCHES
SUR LA PRÉSENCE DU TITANE
CHEZ LES VÉGÉTAUX ET CHEZ LES ANIMAUX

INTRODUCTION

La chimie biologique est la chimie de la vie. Etudier le problème de la vie, c'est étudier la cellule, qu'on peut définir comme un ensemble organisé d'un certain nombre de principes immédiats.

Pendant longtemps on a cru que la partie organique des êtres vivants est constituée par du carbone, de l'hydrogène, de l'oxygène et de l'azote, éléments auxquels on ajouta plus tard le soufre et le phosphore.

Puis lorsque avec de Saussure et Liebig on a compris l'importance biologique des matières minérales cette énumération fut complétée par l'adjonction d'autres éléments.

Il y a trente ans, Bunge réduisait à treize le nombre des éléments qui entraient dans la composition des êtres vivants. Dans ces dernières années, à la suite de nombreux travaux faits à l'aide de méthodes analytiques perfectionnées, ce nombre s'est considérablement agrandi, et sur les 90 éléments actuellement connus 30 environ ont été reconnus comme faisant partie de la matière vivante.

Dès qu'il s'agit d'établir le rôle de chacun de ces éléments la méthode analytique se montre impuissante et on a recours alors aux méthodes synthétique et physiologique.

De nombreuses recherches ont permis à G. BERTRAND de classer les corps simples en deux catégories :

1° LES ÉLÉMENTS PLASTIQUES. — Ce sont le carbone, l'hydrogène, l'oxygène, l'azote, le phosphore, le soufre, le potassium, le sodium, le magnésium, le silicium et le chlore. Ces éléments se trouvent en général en assez fortes proportions et constituent la base minérale des êtres vivants.

2° LES ÉLÉMENTS CATALYTIQUES. — On peut ranger dans cette catégorie le manganèse, le zinc, le fer, le cuivre, le bore, l'arsenic, etc. Cependant, cette classification ne pourrait pas avoir un sens absolu, certains éléments tels que le calcium, le chlore, le sodium étant à la fois plastiques et catalytiques. La présence de ces derniers éléments en quantités très minimes pourrait faire admettre qu'ils ont été tout simplement entraînés avec l'alimentation et qu'ils seraient sans valeur biologique. Les études faites sur les végétaux inférieurs et supérieurs ainsi que sur les animaux ont montré l'influence exercée par certains de ces éléments, soit sur l'ensemble de la nutrition, soit sur une fonction spéciale.

Citons les belles recherches de G. BERTRAND sur le rôle essentiel du manganèse dans les phénomènes d'oxydation de la laccase; de ce même savant, sur le rôle important que joue le manganèse dans le développement du Sterigmatocystis nigra ; celles de JAVILLIER, sur le zinc chez les végétaux; d'AGULHON et de VOICU sur le bore ; de DELEZENNE, G. BERTRAND et VLADESCO, G. BERTRAND et BENZON sur le zinc chez les animaux; de G. BERTRAND et MOKRAGNATZ sur le nickel et le cobalt chez les plantes; de G. BERTRAND et M. MACHEBŒUF sur les mêmes éléments chez les animaux.

L'explication qu'on pourrait donner à ces éléments désignés sous le nom « d'infiniment petits chimiques » ou d'éléments oligosynergiques par G. BERTRAND, c'est qu'ils agissent non comme matériaux de construction, mais comme catalyseurs de réactions chimiques essentielles à la vie.

L'étude de ces infiniment petits a ouvert une voie nouvelle dans les recherches biologiques et il est à prévoir que cette étude nous donnera encore des résultats inattendus.

La présence du titane est très fréquente dans le sol; en tant que minéral il accompagne souvent le fer dans les gisements. Il est assez répandu dans la croûte terrestre où son abondance le place au dixième rang parmi les autres éléments. La présence du titane a été signalée aussi dans l'atmosphère solaire.

Le titane étant assez répandu dans la terre, il était facile à concevoir qu'il serait assimilé par l'organisme végétal, d'où il serait introduit dans l'organisme animal par voie d'alimentation.

La présence du titane dans le sol admise, il était important de savoir si cet élément est présent chez les végétaux, où très peu de recherches étaient effectuées sur ce sujet.

Nous avons essayé d'apporter une faible contribution à cette étude en essayant, en outre, de chercher si le titane joue un rôle quelconque dans la vie des végétaux.

Ce travail, directement inspiré par M. le professeur Gabriel BERTRAND, a été effectué à l'Institut Pasteur dans le laboratoire de Chimie biologique.

Nous nous estimons heureuse d'avoir été guidée dans nos recherches par un savant aussi éminent et nous nous permettons de lui exprimer notre vive reconnaissance et nos bien sincères remerciements pour les précieux conseils qu'il nous a donnés au cours de ce travail, ainsi que pour l'excellent accueil qu'il nous a réservé dans son laboratoire.

PREMIÈRE PARTIE

PRÉSENCE DU TITANE CHEZ LES VÉGÉTAUX

CHAPITRE PREMIER

LE TITANE
QUELQUES PROPRIÉTÉS CHIMIQUES ET ANALYTIQUES

I. — Le titane a été signalé pour la première fois sous la forme d'oxyde, en 1791, par Gregor (1) dans un minerai, la méccanite (fer titané). Quelques années plus tard, Klaproth l'identifie à celui qu'il avait retiré du schorl rouge (rutile) de Bömik (Hongrie). Le nom de fer titanique qu'il avait donné à ce composé lui est resté. Vauquelin et Hecht, en 1796, le retrouvent encore dans un fossile de Bavière. Enfin en 1799 et en 1805 Vauquelin montre que le Rutile ainsi que l'Anatase contiennent de l'acide titanique. En 1822 et les années suivantes, Rose publia des recherches plus étendues sur ce sujet.

Les essais tentés pour isoler le titane ont été nombreux, mais c'est par la méthode de Moissan que l'on obtient cet élément dans l'état le plus pur. Le titane métallique est un métal gris, semblable au fer; sa densité est de 4,87. La détermination de son poids atomique a été l'objet de nombreux travaux. Rose

(1) Voir l'index bibliographique à la fin de cet ouvrage.

le trouve égal à 48,28. Demoly obtient 56,51 ; Thorpe 48,02, Meyer et Seubert 48, et Oswald 48,16. Enfin le nombre de 48,1 est adopté par la Commission internationale. D'après les récents travaux de Baxter et Butler la valeur 47,90 serait plus proche de la réalité.

Le titane, par ses combinaisons, se classe parmi les corps tétravalents et notamment forme avec le zirconium, le cérium et le thorium, la série secondaire des éléments tétravalents ; il se rapproche surtout du silicium par la nature de ses principales combinaisons.

Les principaux composés du titane sont :

1° Le tétrachlorure de Ti ($TiCl^4$), qui est un liquide presque incolore, fumant à l'air et d'une odeur piquante.

2° L'acide titanique ou anhydride titanique (TiO^2), qui est très répandu dans la nature ; on le trouve sous trois formes allotropiques cristallisées : Rutile, Brookite, Anatase et à l'état amorphe. Il est insoluble dans l'eau, dans les acides chlorhydrique ou sulfurique étendus, mais se dissout dans l'acide sulfurique concentré et dans l'acide fluorhydrique. Son emploi se répand de plus en plus dans l'industrie où il remplace la céruse.

L'acide titanique donne avec l'eau deux combinaisons : l'acide orthotitanique $Ti (OH)^4$ ou ($TiO^2 + 2H^2O$) et l'acide métatitanique $TiO (OH)^2$ ou ($TiO^2 + H^2O$).

Parmi les composés oxygénés on peut citer encore : le protoxyde de titane TiO, le sesquioxyde Ti^2O^3 et l'anhydride pertitanique TiO^3.

3° Le sulfate de titane $(SO^4)^2Ti, 3H^2O$; par calcination il se décompose en donnant un résidu d'anhydride titanique.

L'acide titanique forme des sels — des titanates — dont les plus importants sont : les titanates de Na, de K, de Ca, de Mg et de Fe.

En outre, on connaît de nombreuses combinaisons organiques du titane. Les plus importantes sont : le titanitartrate de Na — $TiO(C^4H^4O^6Na)^2 + 8H^2O$, le titanicitrate de K — $TiO(C^6H^6O^7K)^2 + H^2O$, le titanimalate de K et le titanimucate de K — $(TiO)C^6H^7O^8K + 3H^2O$.

La préparation de ces corps est assez difficile et les produits obtenus sont loin d'être purs (Henderson).

II. — Rappelons brièvement quelques réactions analytiques qui sont à la base des méthodes de dosage du titane.

1° L'ammoniaque, le sulfure d'ammonium et le carbonate de baryum précipitent à froid l'acide orthotitanique et à chaud l'acide métatitanique :

$$TiCl^4 + 4 NH^4OH = 4 NH^4Cl + Ti(OH)^4$$
$$TiCl^4 + 4 [NH^4]^2S + 4 H^2O = 4 NH^4Cl + 2 H^2S + Ti(OH)^4$$
$$TiCl^4 + 2 BaCO^3 + 2 H^2O = 2 BaCl^2 + 2 CO^2 + Ti(OH)^4$$

2° Les acétates alcalins précipitent à l'ébullition tout le titane à l'état d'acide métatitanique :

$$TiCl^4 + 4 NaC^2H^3O^2 + 3 H^2O = 4 NaCl + 4 C^2H^4O^2 + Ti\underset{OH}{\overset{O}{\diagdown}}OH$$

Il se forme d'abord l'acétate de titane qui s'hydrolyse complètement.

3° L'eau hydrolyse tous les sels de titane. On se sert de cela pour séparer le titane de l'aluminium, du fer, etc.

$$Ti(SO^4)^2 + 3 H^2O \rightleftarrows 2 SO^4H^2 + Ti\underset{OH}{\overset{O}{\diagdown}}OH$$

Cette réaction est réversible, et pour avoir une précipitation complète il faut éliminer autant que possible l'acide libre, employer un excès d'eau et élever la température.

4° L'eau oxygénée donne avec une solution légèrement acide de sulfate de titane une coloration jaune clair pouvant aller jusqu'au rouge orangé suivant les quantités de titane. Cette réaction, basée sur la formation du TiO^3 jaune, est très sensible.

5° Le zinc et l'étain donnent en solution acide une coloration violette :

$$2 TiCl^4 + H^2 = 2 HCl + Ti^2Cl^6$$

6° Enfin, il est à rappeler la coloration rouge-violette qui donne l'alizarine avec les sels de titane (PAVELKA). Cette coloration est due à la formation d'un sel complexe.

CHAPITRE II

1. — MÉTHODES DE DOSAGE DU TITANE

On peut doser le titane par des méthodes : gravimétriques, titrimétriques ou colorimétriques.

a) Méthode gravimétrique.

Cette méthode est employée lorsque l'on se trouve en présence de quantités de titane suffisantes. On sépare l'ion $Ti++++$ soit par l'ammoniaque, soit par l'ébullition de la solution contenant de l'acétate d'ammonium et acidulée par l'acide acétique, soit enfin par ébullition de la solution faiblement acide du sulfate. On obtient ainsi de l'acide métatinanique que l'on transforme en bioxyde de titane par calcination. Le précipité d'acide métatitanique entraîne du fer et de l'aluminium, du manganèse, du silicium. Plusieurs méthodes de séparation ont été indiquées, parmi lesquelles on peut citer : la méthode de Gooch pour la séparation du titane et de l'aluminium, la méthode de Kaiser pour la séparation du titane et du fer.

b) Méthodes titrimétriques.

Les méthodes titrimétriques pour la détermination du titane ne sont pas nombreuses.

1° On peut titrer le titane directement par le permanganate de K, mais ce dosage réunit le titane et le fer qui l'accompagne souvent. On précipite les oxydes de Fe et de Ti par l'ammoniaque et on redissout le précipité dans l'acide sulfurique. La solution est ensuite réduite par la poudre de zinc dans un courant d'acide carbonique. Quand la réduction est terminée on filtre pour éliminer l'excès de zinc, on y ajoute un excès de sulfate ferrique et on titre avec le permanganate.

$$1° \quad 10(SO^4)^2Ti + 5\,Zn + 5\,SO^4H^2 = 5(SO^4)^3Ti^2 + SO^4Zn + 5\,SO^4H^2$$
$$2° \quad 5(SO^4)^3Ti^2 + 5(SO^4)^3Fe^2 = 10(SO^4)^2Ti + 10\,SO^4Fe$$

La titration donne la somme du SO^4Fe après la réduction et du SO^4Fe initial, qu'on détermine séparément.

2° *Titration par le bleu de méthylène.* — Cette méthode est basée sur le principe suivant :

Le titane tétravalent en solution acide est réduit par la poudre de zinc en titane trivalent et celui-ci est réoxydé par le bleu de méthylène :

$$C^{16}H^{18}N^3SCl + 2\,TiCl^3 + HCl = C^{16}H^{19}N^3S + TiCl^4$$

Le bleu de méthylène se décolore tout comme le permanganate pour la titration du fer, mais à la fin avec une goutte en excès la coloration bleue subsiste. Le nombre de centimètres cubes de la solution de bleu de méthylène employé est proportionnel à la quantité de titane contenu dans la solution à titrer. Cette méthode est très sensible, mais elle ne pourra toutefois être employée que pour des quantités minimes de 0 milligr. 5 à 1 milligramme.

c) Méthode colorimétrique.

Cette méthode est basée sur la coloration jaune orangé que prennent les solutions légèrement acides de titane en présence de quelques gouttes d'eau oxygénée. Cette réaction a été indiquée pour la première fois par SCHÖN, mais c'est WELLER qui, en 1882, la transforma en méthode de dosage. La réaction est très sensible, il suffit en effet d'une quantité de 1/100 de milligramme de TiO^2 dans 10 cent. cubes de solvant pour avoir une coloration jaune encore perceptible. Inversement, d'après JACKSON, une solution de titane peut servir comme réactif pour l'eau oxygénée ; 0 milligr. 2 d'eau oxygénée 10 volumes dans 1 cent. cube d'eau peuvent être décelés en ajoutant un excès de solution titanique.

2. — MÉTHODE EMPLOYÉE
AU COURS DE CE TRAVAIL

C'est la méthode colorimétrique que nous avons utilisée pour rechercher et doser le titane chez les plantes et chez les animaux. Par sa sensibilité, cette méthode nous a permis de déceler les moindres traces contenues dans nos échantillons.

La comparaison colorimétrique est établie à l'aide d'une gamme préparée d'avance. Nous nous sommes servi d'une solution étalon, préparée de la façon suivante :

Préparation de la solution étalon.

Pour avoir une solution contenant une quantité déterminée de Ti par centimètre cube, on peut opérer par plusieurs méthodes :

a) Méthode de Walton. — On fond du bioxyde de titane pur avec une quantité suffisante de peroxyde de sodium; puis on dissout le résidu dans l'eau et on y ajoute de l'acide sulfurique en quantité suffisante pour que la solution contienne 5 p. 100 d'acide sulfurique.

b) Méthode de Treadwell. — On prend 0 gr. 6003 de fluotitanate de potassium plusieurs fois recristallisé et faiblement calciné, ce qui correspond à 2 décigrammes de bioxyde. On chauffe dans un creuset de platine recouvert d'un couvercle, avec de l'acide sulfurique concentré additionné d'un peu d'eau. On dissout le résidu dans un peu d'acide sulfurique concentré et on étend à 100 cent. cubes avec de l'acide sulfurique froid à 5 p. 100.

c) Méthode de Cavazzi. — On pèse environ 0 gr. 5 $(SO^4)^2Ti^2$ soigneusement divisé et mélangé dans un mortier; on partage en deux parties inégales et on pèse chacune dans des petits flacons en verre, bouchés et tarés. On calcine fortement la plus grande portion dans un creuset en platine ; on suspend l'opération à deux ou trois reprises pour introduire de petites quantités de $(NH^4)^2CO^2$ destinées à éliminer les dernières traces d'acide sulfurique. Le résidu est ensuite pesé et mélangé avec la portion non calcinée. On place le tout dans un vase à précipitation chaude, on ajoute 10 cent. cubes d'acide sulfurique concentré et on chauffe au bain-marie jusqu'à l'obtention d'une solution limpide. On laisse refroidir et on ajoute de l'eau en quantité suffisante pour que chaque centimètre cube de solution contienne 0 gr. 0001 de TiO^2.

Personnellement, nous avons employé la méthode indiquée par TREADWELL, la trouvant plus simple et plus exacte.

3. — TECHNIQUE ANALYTIQUE DU DOSAGE

a) Action de la lumière.

L'intensité de la coloration jaune des solutions de peroxyde de titane exposées à la lumière diminue au bout de quelques jours. Par contre, à l'abri de la lumière, on n'observe aucun changement même après un mois.

Il est de toute façon nécessaire de renouveler souvent la gamme.

b) Action de la quantité d'acide sulfurique et d'eau oxygénée.

D'après DUNNIGTON la solution à examiner doit contenir 5 p. 100 d'acide sulfurique. Un excès d'acide sulfurique n'apporte aucune perturbation, tandis qu'une teneur inférieure à 5 p. 100 peut fausser les résultats en les abaissant.

En ce qui concerne l'eau oxygénée, il suffit d'en ajouter quelques gouttes pour que la coloration apparaisse, mais un excès ne gêne pas.

c) **Action gênante des sels.**

1° Sels de fer. — Les solutions à examiner peuvent être colorées en jaune, par la présence du fer. Noyes recommande d'ajouter une quantité égale de fer dans la solution étalon. Ce procédé n'est pas commode, car il demande une détermination préalable de la quantité de fer présente.

Treadwell propose l'addition de l'acide phosphorique ou de phosphate de K, jusqu'à décoloration complète. Mais le phosphore abaisse la coloration, on ajoute donc une quantité de phosphore égale dans la solution étalon.

2° Sels de fluor. — C'est en employant une eau oxygénée d'une provenance suspecte que Hillebrand a constaté l'influence de l'acide fluorhydrique sur l'intensité de la coloration. Il faut donc prendre de grandes précautions pour éliminer toute trace de fluor; on ne doit donc pas employer une eau oxygénée obtenue par le bioxyde de Ba et l'acide fluosilicique ou fluorhydrique. Nous nous sommes servi d'une eau oxygénée pure à 100 volumes (Perhydrol) que nous avons diluée jusqu'à 30 p. 100 avec de l'acide sulfurique à 5 p. 100.

3° Sels de phosphore. — Hillebrand constate que dans les dosages effectués sur des silicates le phosphore n'intervient pas. D'après Geilmann la quantité de phosphore nécessaire pour produire un changement sensible de coloration serait de 1 p. 100 dans les dosages effectués sur le sol et 0,4 p. 100 dans les dosages effectués dans des plantes.

Nous avons trouvé qu'au-dessous de 50 milligrammes de phosphore par prise d'essai la présence de cet élément ne provoque pas d'abaissement de la teinte jaune.

4° Sels de molybdène. — Jackson indique que le molybdate d'ammonium en présence d'acide nitrique donne aussi une coloration jaune avec l'eau oxygénée, mais tandis que pour le titane cette coloration est jaune orangé pour le molybdène elle est jaune verdâtre. Un excès d'eau oxygénée colore dans ce cas la solution en rouge foncé.

5° SELS DE VANADIUM. — Une solution légèrement sulfurique d'acide vanadique additionnée d'une petite quantité d'eau oxygénée donne une coloration variant du rouge-brun au rouge sang suivant la concentration en acide vanadique. Cette réaction est très sensible. Un excès d'eau oxygénée fait disparaître la coloration. Une nouvelle addition d'acide sulfurique concentré réagit en sens inverse et la coloration rouge-brun réapparaît (Julius MEYER et A. PAWLETTA). Nous avons cherché à nous rendre compte de l'influence que pourrait avoir le vanadium sur le dosage du titane. En employant le métavanadate d'ammonium (NH^4VO^2) pur, nous avons fait des solutions contenant respectivement 1 milligramme, 0 milligr. 1 et 0 milligr. 01 de V^2O^5 par cent. cube. Dans une série de 13 tubes à essai nous avons versé des quantités de solutions nécessaires pour obtenir les dilutions suivantes :

EN MILLIGRAMMES

Tube n° 1	5
Tube n° 2	3
Tube n° 3	2
Tube n° 4	1
Tube n° 5	0,5
Tube n° 6	0,25
Tube n° 7	0,10
Tube n° 8	0,05
Tube n° 9	0,025
Tube n° 10	0,010
Tube n° 11	0,005
Tube n° 12	0,0025
Tube n° 13	0,0010

Dans chaque tube nous avons ajouté 1 cent. cube d'eau oxygénée à 30 p. 100 dans de l'acide sulfurique à 5 p. 100. Nous avons complété le volume dans chaque tube à 10 cent. cubes avec de l'acide sulfurique à la concentration voulue, pour obtenir finalement une concentration de 5 p. 100 en acide sulfurique. Dans ces conditions la coloration apparaît extrêmement faible, à peine appréciable, à partir du tube contenant 0 milligr. 05 V^2O^5. Elle n'est vraiment nette, quoique très faible encore, qu'à partir de 0 milligr. 10 ; on l'aperçoit alors sur un fond blanc comme une coloration jaune orangé très pâle. On l'aperçoit sans incertitude à partir de 0 milligr. 20 à 0 milligr. 30 ; la couleur devient rouge à partir de 0 milligr. 5. La coloration devient plus foncée dans les tubes plus riches en vanadium et par contre les tubes moins riches que 0 milligr. 05 V^2O^5 restent incolores. La quantité absolue de 0 milligr. 05 V^2O^5 ne peut donc apporter de trouble dans le dosage du titane ; on peut même admettre qu'une quantité double de V^2O^5 ne gêne pas encore. Il faut noter aussi que la coloration est rouge orangé et non pas jaune comme avec le titane. Les résultats n'ont pas changé au bout de dix-huit jours.

Par conséquent, dans le cas d'une prise d'essai minima de 5 grammes de matière fraîche, la proportion de 0 milligr. 020 d'acide vanadique par kilogramme n'intervient pas dans le dosage du titane. A plus forte raison si la prise d'essai est plus grande que 5 grammes.

CHAPITRE III

I. — HISTORIQUE

Le titane dans la nature.

a) LE TITANE DANS L'ÉCORCE TERRESTRE.

On peut considérer le titane comme un des éléments les plus répandus dans l'écorce terrestre; il occupe le dixième rang dans le classement donné par CLARKE, classement reproduit par le tableau suivant :

O	47,29	C	0,22
Si	27,21	H	0,20
Al	7,81	P	0,10
Fe	5,46	Mn	0,08
Ca	3,77	S	0,03
Mg	2,68	Ba	0,03
K	2,40	N	0,01
Na	2,36	Cl	0,01
Ti	0,33		

On ne trouve pas dans la nature de titane à l'état natif; on le rencontre à l'état d'oxyde cristallisé (Rutile, Anatase et Brookite) et aussi à l'état amorphe. On le trouve également sous la forme de titanate de Ca, Fe, Mn. Les fers titanés sont très nombreux et très répandus tels que l'Ilménite, l'Isérine, la Méccanite, etc.

La présence du titane dans les roches telles que le Basalte, le Kaolin et dans les Argiles a été signalée depuis longtemps.

C'est ainsi que BRETT et BIRD le trouvent, en 1835, dans la terre réfractaire, résultat contesté plus tard par WÖHLER.

DAMOUR et DESCLOIZEAUX trouvent, en 1857, du titane dans plusieurs échantillons de sable.

Rilley, en 1865, donne pour les argiles une teneur de 0,42 à 1,05 p. 100 de TiO².

Rich Apjohn indique, en 1872, pour les basaltes une teneur de 0,91 à 1,58 p. 100. Il conclut à la présence générale du titane dans les basaltes.

M. V. Roussel, en 1873, a dosé le titane dans les basaltes des environs de Clermont-Ferrand et trouve entre 0,707 et 2,378 p. 100 d'acide titanique.

C'est en 1808 que J. F. Mc Caleb et Dunnigton eurent l'idée d'examiner des échantillons de terre provenant des différentes provinces d'Amérique; ils ont trouvé du titane dans tous les échantillons examinés (0,33 à 5,42 p. 100).

Dunnigton, en 1892, publie une nouvelle série de résultats (29 dosages); en 1897 il donne de nouveaux chiffres obtenus (plus de 100 dosages) avec des échantillons provenant de cinq continents. Il trouve des quantités variant entre 0,42 et 3,17 p. 100. Comme conclusion à son travail il affirme la présence générale du titane dans le sol.

A. B. Griffith a trouvé, en 1903, 0,68 p. 100 TiO² dans la cendre volcanique de la montagne Pelée.

Ullmann et J. W. Boyer, en 1904, ont déterminé la teneur en TiO² de 31 roches argileuses, et trouvé qu'elle varie entre 0,03 et 0,26 p. 100.

G. Vogt, en 1904, a recherché et dosé le TiO² dans plus de 50 échantillons d'argiles et l'a toujours trouvé en quantités variables.

Fribourg et Pellet, en 1905, ont dosé le TiO² dans plusieurs échantillons de terre appartenant à différentes régions de la France et trouvé jusqu'à 2 p. 100. Ils concluent également à la présence générale du titane dans le sol.

W. Mc George (1913) en examinant des sols provenant des îles Hawaï et destinés à la culture des pins a trouvé du TiO² en très grandes quantités (jusqu'à 32 p. 100). Le sol normal de Hawaï contient 5 'p. 100.

L. A. Steinkönig (1914) a trouvé de 0,49 à 3,38 p. 100 de TiO² dans tous les échantillons examinés. En collaboration avec F. Miller, il le retrouve encore et le considère comme un catalyseur.

Cavazzi (1918) dose le TiO² dans plusieurs cendres volcaniques. C'est enfin en 1920 que le D^r G$_{EILMANN}$ établit d'une manière générale la présence du titane dans la terre arable. Sur 30 échantillons provenant de l'Allemagne il a toujours trouvé du titane, les teneurs variant entre 0,05 et 1,008 p. 100 (TiO²). D'après ses tableaux on constate que les teneurs les plus élevées se trouvent dans les argiles, jusqu'à 1 p. 100; viennent après les terres limoneuses, les sables et les calcaires. Suivant ces résultats on peut définitivement conclure à la présence générale du titane dans le sol. G$_{EILMANN}$ donne, en collaboration avec E. B$_{LANCK}$, en 1922, une nouvelle série de résultats en indiquant pour les argiles une moyenne de 0,885 p. 100 et pour les kaolins 0,284 p. 100 TiO².

G$_{RIFFITH}$-J$_{ONES}$ (1923) analysant les alluvions du Nil a trouvé une teneur de 1,3 à 2,5 p. 100 TiO².

Comme conclusion, on peut admettre la présence générale du titane dans le sol; les proportions varient entre de larges limites.

b) LE TITANE DANS L'EAU.

M$_{AZADE}$ (1852) analysant les eaux de Neyrac a trouvé des traces de titane. C$_{LARKE}$ (1894) n'a pas pu déceler le titane dans l'eau de mer. A$_{UERBACH}$ (1904) constate la présence de l'acide titanique libre et non dissocié dans toutes les eaux minérales riches en acide carbonique libre. G$_{RIFFITH}$-J$_{ONES}$ (1922) n'a pas pu mettre en évidence le titane dans 10 litres d'eau filtrée et évaporée, provenant du Nil.

c) LE TITANE DANS LE RÈGNE VÉGÉTAL.

D'après C$_{ZAPEK}$ le titane aurait été décelé pour la première fois par A$_{DERHOLD}$ (1852) dans les cendres de différentes plantes.

J$_{ACKSON}$ (1883) trouve du titane dans le charbon et aussi dans les cendres des plantes, notamment dans les pins.

C. E. W$_{AIT}$ (1896), analysant les cendres des différentes plantes, a trouvé parmi d'autres éléments aussi le titane et l'a dosé à l'état d'acide titanique. Voici ses résultats :

Bois de chêne	0,31 p. 100	
Pommier	0,21	—
Pomme	0,11	—

Certaines houilles renferment aussi du titane, par exemple :

Houille bitumineuse du Termesée. . . . . 0,69 p. 100
Anthracite de Pensylvanie. 2,59   —

Suivant cet auteur le titane serait assimilé par les plantes en même temps que les autres sels minéraux.

Edmund O. Lippmann (1897) a trouvé pour la mélasse provenant de la fabrication du sucre de canne une teneur de 0,12 p. 100 TiO_2. Fribourg et Pellet (1905) ont recherché et dosé l'acide titanique dans les cendres de cannes d'Égypte et ont trouvé un pourcentage de 0,17 p. 100. Mais ils n'ont pas décelé le titane dans la betterave récoltée dans le Pas-de-Calais.

Traetta-Mosca (1913) soupçonne la présence du titane chez les plantes qui poussent sur les sols contenant cet élément et il réussit à le mettre en évidence dans les cendres des feuilles de tabac de Kentucky. D'après lui, le titane doit faire partie de la cellule et agir comme un catalyseur chimique sur la fonction cellulaire.

E. Cornec (1919) a reconnu à l'aide d'une étude spectrographique la présence du titane dans les cendres de laminaires.

W. O. Robinson, L. A. Steinkönig et C. F. Miller (1917) ont également trouvé du titane dans différentes plantes.

Geilmann (1920) a analysé 16 espèces végétales. Il a toujours pu mettre en évidence le titane et trouvé des teneurs entre 0,03 et 0,269 TiO_2 p. 100 de cendres. Il y a une seule exception pour les graines de cacao qui semblent être exemptes de titane. D'après cet auteur, les parties vertes des plantes sont les plus riches. Headden (1921) a dosé le titane dans le blé (partie aérienne) qu'il trouve relativement riche ; par contre le tubercule de pomme de terre n'en renferme que des traces.

Enfin, Griffith-Jones (1922) dans la paille poussant en Égypte indique une teneur de 6,27 p. 100 TiO_2 pour 100 grammes de cendres.

Lippmann (1923) trouve dans la canne d'Égypte 0,66 p. 100 de TiO_2.

II. — RECHERCHES PERSONNELLES

Nous avons recherché et dosé le titane dans 62 espèces végétales. Une partie de nos échantillons provient du marché de Paris, tandis que les plantes vertes ont été cueillies par nous-même dans les jardins de l'Institut Pasteur et dans les environs de Paris. Les algues proviennent de Roscoff (Bretagne).

Préparation des échantillons. — Les plantes sont soigneusement débarrassées de la terre qui les souille, puis lavées à plusieurs reprises avec de l'eau distillée afin d'enlever les poussières, et finalement séchées entre deux papiers filtre et pesées. Le poids correspond à la matière fraîche. Les plantes sont ensuite séchées à 100° jusqu'à poids constant. Cette opération nous permet de peser la matière sèche et de calculer la teneur en eau.

La matière sèche est finalement divisée et incinérée au four dans une capsule en platine. On porte au début le four au rouge à peine naissant jusqu'à carbonisation complète. Le charbon est repris par de l'eau bouillante. On filtre ; le filtre et son contenu sont séchés à l'étuve et incinérés à nouveau. Le four maintenant peut être porté au rouge sombre. Lorsque les cendres sont blanches on laisse refroidir puis on ajoute dans la capsule le liquide provenant du lessivage. On évapore au bain-marie, puis sèche à l'étuve à 100° jusqu'au poids constant. On obtient ainsi le poids des cendres.

Dosage. — Les cendres sont reprises par quelques gouttes d'acide chlorhydrique concentré, évaporées au bain-marie et reprises de nouveau par l'acide chlorhydrique à 20 p. 100 ; on filtre, la silice reste sur le filtre. Le filtrat est neutralisé partiellement avec du carbonate de soude et additionné de 10 à 15 cent. cubes d'acétate de soude à 20 p. 100 ; il se forme des acétates de Fe, d'Al et de Ti ; on ajoute un grand excès d'eau, porte à l'ébullition pendant quelques minutes ; il apparaît un

précipité contenant les oxydes de Fe et d'Al et le titane à l'état
d'acide métatitanique. Le précipité est recueilli et dissous dans
un peu d'acide sulfurique; la solution est étendue par de
l'eau de façon à avoir une concentration finale de 5 p. 100
environ, en acide sulfurique; puis on ajoute quelques gouttes
d'eau oxygénée. La présence du titane est indiquée par la coloration jaune qui apparaît.

En opérant par cette méthode on constate que la presque
totalité du titane se trouve entraînée par la silice; il faudra
donc procéder à un second dosage dans la silice. La somme des
deux chiffres obtenus nous donne la quantité totale de titane
détenue par notre échantillon.

Nous avons préféré doser le titane directement comme il
suit :

Les cendres sont reprises par un peu d'eau, on évapore au
bain-marie dans une capsule en platine, puis on ajoute environ
1 cent. cube d'acide sulfurique concentré et 5 cent. cubes d'acide
fluorhydrique pour chasser la silice à l'état de fluorure de silicium gazeux. Le tout est évaporé à sec au bain-marie. On
reprend par quelques centimètres cubes d'acide sulfurique
concentré. On évapore à feu nu avec une petite flamme jusqu'à
fumées blanches. On continue encore quelques instants l'évaporation, puis laisse refroidir et reprend par de l'acide sulfurique à 5 p. 100, grâce auquel tout le contenu de la capsule est
entraîné dans une fiole jaugée de 50 cent. cubes. On chauffe au
bain-marie pendant une demi-heure environ. Si la solution
surnageante est colorée en jaune par des sels de fer, on ajoute
une solution de phosphate de potassium jusqu'à décoloration ;
on ajoute ensuite 4 cent. cubes d'eau oxygénée à 30 p. 100 et
complète à 50 cent. cubes avec de l'acide sulfurique. On com-
pare la teinte obtenue à celles des tubes d'une gamme préparée
à l'avance. La teinte jaune pouvant être appréciée avec plus
grande exactitude pour les solutions contenant de 0 milligr. 025
à 0 milligr. 05 de TiO^2, nous avons fait des essais préliminaires
pour nous rendre compte de la richesse en titane des échantillons examinés. Nos prises d'essai variaient donc d'après ces
données; c'est ainsi que nous prenions 10 grammes de matière
sèche pour les parties vertes des plantes, 50 grammes pour les
graines, etc.

Des déterminations de phosphore ont été faites pour chaque échantillon et la quantité trouvée ajoutée dans la gamme étalon.

Les dosages de phosphore ont été effectués d'après le procédé suivant : 1 gramme de matière fraîche est incinérée avec les précautions décrites ci-dessus, les cendres blanches sont reprises par quelques gouttes d'acide chlorhydrique concentré, évaporées à sec au bain-marie, reprises ensuite par l'acide nitrique à 20 p. 100 et filtrées. La silice reste sur le filtre.

Dans le filtrat on précipite le phosphore sous la forme de phospho-molybdate d'ammonium d'après la méthode décrite par Wor. Le précipité est filtré et lavé avec une solution de nitrate de potassium à 1 p. 100 jusqu'à ce que la liqueur filtrée ne soit plus acide. On place ensuite le filtre et son contenu dans le vase où la précipitation a été faite. On recouvre avec un excès de soude $N/10$ et porte à l'ébullition jusqu'à élimination complète de l'ammoniaque. On titre ensuite avec de l'acide sulfurique $N/10$ en présence de quelques gouttes de phénolphtaléine.

Les teneurs en cendres et en phosphore ont été rapportées à la matière fraîche.

Les résultats de nos dosages sont consignés dans les tableaux des pages 28 à 33.

CONCLUSIONS ET INTERPRÉTATION DES RÉSULTATS

De l'examen de ces tableaux, nous pouvons tirer les conclusions suivantes :

1° Nous avons rencontré le titane chez tous les végétaux examinés sauf dans quelques échantillons particuliers (riz décortiqué, noix sans coquille, cerises sans noyau).

2° Les parties vertes et en général les feuilles sont très riches en titane. Par là, se confirme l'observation faite par G. Bertrand et Mme Rosenblatt que c'est dans les organes où les transformations chimiques sont les plus intenses que se trouvent en plus grande abondance les métaux tels que Zn, Mn, etc.

Cryptogames.	TENEUR en matière sèche p. 100	TENEUR en cendres p. 100	TENEUR en phosphore p. 100	PRISE D'ESSAI en grammes de matière sèche	TENEUR EN Ti EXPRIMÉ EN MILLIGRAMMES POUR 100 GRAMMES DE		
					matière fraîche	matière sèche	cendres
CHAMPIGNONS.							
Psalliota campestris :							
Champignons de couche. Pied et chapeau	12,00	1,10	0,10	25	0,03	0,24	2,72
Algues.							
FUCACÉES.							
Fucus platycarpus :							
Plante entière	—	28,60	0,09	25	—	0,30	1,04
Fucus vesiculosis :							
Plante entière	—	25,28	0,17	25	—	9,00	35,59
Fucus serratus :							
Plante entière	25,55	4,26	0,10	25	0,45	1,80	10,80
Pelvetia canaliculata :							
Plante entière	33,75	7,17	0,10	25	0,19	0,60	2,52
Himauthalaia lora :							
Plante entière	—	33,35	0,09	25	—	2,40	7,20
Ascophyllum nodosum :							
Plante entière	31,30	5,86	0,05	25	0,09	0,30	1,60
Cystosera fibrosa :							
Plante entière	—	42,02	0,20	25	—	0,39	0,92
LAMINARIÉES.							
Laminaria saccharina :							
Plante entière	—	14,02	0,14	25	—	0,54	3,64
Laminaria flexicaulis :							
Plante entière	—	12,35	0,09	25	—	0,60	4,81
Cryptogames vasculaires.							
Polypodium vulgare :							
Fougère. Feuilles et tiges	16,82	2,08	0,06	10	0,30	1,80	14,47
Phanérogames. Monocotylédones.							
GRAMINÉES.							

Serale cereale :							
Seigle. Graines	85,42	2,21	0,28	50	0,07	0,08	3,22
Avena saliva :							
Avoine. Graines	85,10	3,37	0,28	50	0,12	0,13	3,55
Parties aériennes	17,32	1,65	0,09	10	0,08	0,48	5,08
Zea maïs :							
Maïs. Graines	90,43	1,12	0,47	50	0,13	0,14	10,89
Parties aériennes	10,95	0,83	0,06	10	0,04	0,48	5,18
Oryza saliva :							
Riz. Graines polies	89,75	0,33	0,13	50	0	0	0
Son de riz	91,11	16,08	0,27	10	2,40	2,61	14,92
Triticum vulgare :							
Blé. Graines I	87,15	1,73	0,31	50	0,07	0,09	4,50
Graines II	86,46	1,65	0,27	50	0,08	0,03	5,08
Son	89,25	6,64	1,52	50	0,42	0,46	6,32
Gros sons (8 p. 100)	91,13	6,63	0,41	50	0,09	0,10	1,44
Fins sons (2,47 p. 100)	89,10	5,74	0,64	50	0,18	0,19	3,13
Remoulage blanc (4,50 p. 100)	89,27	4,32	0,51	50	0,12	0,13	2,77
Remoulage bis (5,20 p. 100)	89,76	5,11	0,65	50	0,12	0,13	2,34
Farine (76,5 p. 100)	88,17	0,57	0,08	50	0,03	0,03	5,88
Germes (0,14 p. 100)	90,00	4,59	1,11	10	0	0	0
Parties aériennes	23,90	2,08	0,08	25	0,13	0,60	6,63
PALMIERS.							
Phœnix dactylifera :							
Dattes sans noyaux	45,70	1,68	0,15	50	0,03	0,06	1,78
LILIACÉES.							
Allium cepa :							
Oignon. Bulbe entier	9,93	0,60	0,38	25	0,08	0,93	13,98
Parties aériennes	6,81	0,50	0,02	10	0,02	0,48	7,50
Allium sativum :							
Ail. Bulbe entier	38,76	1,75	2,44	25	0,22	0,60	13,22
MUSACÉES.							
Musa paradisiaca :							
Banane. Pulpe	77,28	3,64	0,23	50	0	0	0
Ecorce	14,79	2,05	0,11	25	0,06	0,48	3,00
Dicotylédones.							
URTICACÉES.							
Ficus carrica :							
Figuier. Feuilles	20,89	2,29	0,03	10	0,25	1,20	11,00
Cannabis saliva :							
Chanvre. Graines	88,14	4,85	0,32	50	0,24	0,27	4,91

	TENEUR en matière sèche p. 100	TENEUR en cendres p. 100	TENEUR en phosphore p. 100	PRISE D'ESSAI en grammes de matière sèche	TENEUR EN Ti EXPRIMÉ EN MILLIGRAMMES POUR 100 GRAMMES DE		
					matière fraîche	matière sèche	cendres
OLÉACÉES.							
Syringa vulgaris :							
Lilas. Feuilles	29,42	1,89	0,10	10	0,27	0,90	14,28
Tiges	50,61	2,07	0,02	10	0,30	0,60	14,49
MALVACÉES.							
Theobroma Cacao :							
Cacao (caraque vert entier). Graines entières	92,80	5,54	0,43	10	4,80	5,14	87,79
Téguments	86,39	13,13	0,32	2	45,03	51,79	343,01
Cotylédons	96,18	2,91	0,40	25	0	0	0
Germes	92,81	5,50	—	0,5	0	0	0
Poudre superficielle pour 100 grammes de grain	5,57	0,75	—	—	—	4,65	—
Téguments rapportés à 100 grammes de graine sèche	—	—	—	—	—	0,48	—
POLYGONACÉES.							
Polygonum fagopyrum							
Sarrasin. Graines	87,57	3,10	0,50	50	0,27	0,30	8,71
Parties aériennes	11,06	1,23	0,15	10	0,08	0,66	6,33
Rumex acetosella :							
Oseille. Tiges et feuilles	5,62	1,13	0,04	10	0,10	1,80	9,02
Chenopodiacées. Betta vulgaris :							
Betterave. Partie aérienne	7,94	2,32	0,07	10	0,13	1,50	5,60
Racine	15,12	1,22					
Spinacia oleracea :			0,17	25	0,12	0,80	9,83
Epinard. Tiges et feuilles	5,35	1,43	0,04	10	0,06	1,20	4,20
CUPILIFÈRES.							
Corylus avellana :							
Noisette. Noyaux	95,46	1,94	0,27	100	0,04	0,03	2,47
TILIACÉES.							
Tilia silvestris :							

Juglans regia : Noix. Noyaux avec téguments. . .	72,20	1,02	0,29	100	0	0	0
CAMELLIACÉES.							
Thea sinensis : Thé (des Indes)	87,00	5,47	0,47	10	0,54	0,72	9,87
ILICINÉES.							
Ilex paraguagensis : Houx du Paraguay (maté)	91,18	6,26	0,32	10	15,00	16,44	233,21
CRUCIFÈRES.							
Brassica napus : Navets. Racines	8,64	0,62	0,05	25	0,05	0,60	8,70
Feuilles	8,00	1,35	0,05	10	0,28	3,60	21,21
Brassica oleracea capitata : Choux. Feuilles externes.	15,09	1,19	0,05	50	0,02	0,15	1,51
Feuilles moyennes.	12,42	1,65	0,08	50	0,01	0,12	1,14
Feuilles centrales	10,55	1,01	0,07	50	0,01	0,12	1,18
Cœur.	13,70	1,20	0,07	50	0,01	0,09	0,99
Brassica campestris : Colza. Graines	92,83	4,03	0,43	50	0,36	0,38	8,92
Parties aériennes	10,50	1,47	0,06	10	0,04	0,39	2,85
Raphanus sativus : Radis rose. Racines	3,65	0,64	0,03	25	0,03	0,80	5,05
AMPELIDACÉES.							
Vitis vinifera : Vigne. Feuilles	23,48	1,77	0,10	10	0,42	1,80	23,73
Tiges.	18,30	0,94	0,01	25	0,01	0,12	1,92
Raisin blanc. Rafle.	23,00	1,48	0,08	25	0,36	1,62	24,72
Marc.	24,53	0,73	0,13	25	0,07	0,30	9,85
Jus.	9,54	0,52	0,005	10	0,03	0,42	7,62
Pépin	55,83	1,37	0,17	10	0,12	0,21	8,75
RUTACÉES.							
Citrus aurantium : Orange. Fruit entier.	14,18	1,10	0,09	50	0,006	0,06	0,54
Citrus limonum : Citron. Fruit entier.	14,29	0,61	0,60	50	0,02	0,15	3,43
Jus.	7,44	0,44	0,02	50	0	0	0
LÉGUMINEUSES.							
Phaseolus compressus : Haricot (graines).	92,36	3,68	0,42	50	0,13	0,15	3,91
Feuilles	12,57	2,10	0,06	10	0,27	2,10	11,50

	TENEUR en matière sèche p. 100	TENEUR en cendres p. 100	TENEUR en phosphore p. 100	PRISE D'ESSAI en grammes de matière sèche	TENEUR EN Ti EXPRIMÉ EN MILLIGRAMMES POUR 100 GRAMMES DE		
					matière fraiche	matière sèche	cendres
Lens esculenta :							
Lentille. Graines.	89,00	2,57	0,42	50	0,27	0,30	10,50
Pisum sativum :							
Petits pois. Graines	92,21	3,32	0,31	50	0,07	0,078	1,80
Parties aériennes.	12,86	1,26	0,05	10	0,06	0,48	5,17
Viria saliva :							
Vesce. Graines	90,48	2,61	0,34	50	0,30	0,33	11,46
Medicago sativa :							
Luzerne Parties aériennes	22,45	2,21	0,07	10	0,07	0,36	2,40
Trifolium repens :							
Trèfle. Parties aériennes.	16,33	1,64	0,05	10	0,04	0,30	2,92
Arachis hypogea :							
Arachides. Graines entières	94,20	2,21	0,25	100	0,03	0,031	1,61
ROSACÉES.							
Amygdalis communis :							
Amandier. Feuilles.	19,02	2,45	0,07	10	0,28	1,50	11,65
Bois	48,26	2,55	0,06	50	0,22	0,48	8,94
Amygdalis communis var dulcis :							
Amande sèche. Noyaux avec tégu-ments	92,46	3,26	0,49	100	0,12	0,13	3,67
Prunus armeniaca :							
Abricot. Fruits entiers.	13,27	1,23	0,10	50	0,03	0,24	2,58
Prunus persica :							
Pêche. Fruits entiers.	13,93	0,37	0,23	50	0,12	0,80	29,34
Prunus domestica :							
Prunier. Feuilles.	28,25	5,28	0,03	10	0,42	0,50	8,02
Bois	41,97	2,71	0,06	25	0,27	0,60	9,46
Fruits sans noyaux (reine-claude) .	13,24	0,59	0,02	50	0,008	0,07	1,42
Prunus cerasus :							
Cerise. Fruits entiers sans noyaux.	10,35	0,58	0,04	50	0	0	0
Peduncules.	26,65	5,76	2,40	25	0,22	0,90	3,82
Pyrus malus :							
Pomme de Canada entière	11,80	0,31	0,01	50	0,01	0,09	3,28
Pyrus communis :							

Fraise. Tiges et feuilles	24,31	1,06	0,11	10	0,23	1,06	11,06
Réceptacle et ses Akènes	7,25	0,36	0,01	10	0,34	4,80	96,66
SOLANÉES.							
Solanum tuberosum :							
Pomme de terre (Hollande). Tuber-cule entière	29,45	1,13	0,08	25	0,006	0,18	4,26
OMBELLIFÈRES.							
Daucus carota :							
Carotte. Feuilles.	14,00	2,10	0,05	10	0,42	3,00	19,99
Racines	13,42	0,56	0,10	25	0,04	0,46	7,50
Pastinaca sativa :							
Panais. Parties aériennes	14,09	2,62	0,07	10	0,21	1,50	7,01
Racines	22,54	1,29	0,12	25	0,04	0,19	3,62
RUBIACÉES.							
Coffea arabica :							
Café. Graines	89,29	3,67	0,18	50	0,42	0,48	11,61
VALERIANÉES.							
Valerianella olitaria :							
Mâches. Parties aériennes.	8,02	1,09	0,09	10	0,36	4,80	33,57
COMPOSÉES.							
Lactuca sativa :							
Laitue. Feuilles centrales	9,06	1,48	0,05	10	0,06	0,70	4,05
Feuilles externes.	7,06	1,16	0,10	10	0,18	2,70	16,03
Chicorium endivia :							
Endives. Plantes blanches sans racine	4,18	0,43	0,21	25	0,018	0,37	4,17
Taraxacum dens leonia :							
Pissenlit. Plantes blanches entières sans racine.	7,26	0,63	0,10	25	0,04	0,60	6,64
Cynora scolymus :							
Artichaut. Parties aériennes. . . .	12,52	1,72	0,15	25	0,52	4,20	30,34
Fruits. Feuilles externes.	16,40	0,95	0,07	25	0,05	0,30	5,26
Feuilles moyennes.	15,55	1,12	0,08	25	0,04	0,30	4,46
Feuilles centrales	11,16	0,90	0,10	25	0,01	0,15	1,33
Cœur.	9,35	0,86	0,10	50	0	0	0

En analysant les différentes feuilles d'une même plante, la laitue par exemple, nous avons trouvé que les feuilles plus vertes sont plus riches que les moins vertes. Les feuilles blanches (étiolées) ont une teneur beaucoup moins élevée en titane ; l'endive peut servir comme exemple de ce genre.

3° Les tiges et le bois sont beaucoup moins riches que les feuilles ;

4° Les racines sont encore assez riches ; chez une même plante, les racines peuvent être jusqu'à sept fois moins riches que les parties aériennes. Nous prenons comme exemple la carotte pour laquelle nous avons trouvé :

POURCENTAGE
de matière sèche

Racines	0 milligr. 46
Parties aériennes	3 milligr. 00

5° Les bulbes contiennent une quantité sensible de titane ; l'ail, par exemple, renferme 0 milligr. 60 p. 100 de matière sèche ;

6° Les tubercules sont par contre très pauvres ; la pomme de terre ne contient que de faibles proportions ;

7° Les fruits sont en général très pauvres, le péricarpe de la cerise nous a donné même un résultat négatif. BENZON a obtenu les mêmes résultats en ce qui concerne la teneur des fruits en zinc. L'écorce de banane s'est montrée assez riche en titane, tandis que la pulpe en est exempte. Nous pouvons toutefois noter que la pêche est assez riche (0,78 p. 100 de titane pour 100 grammes de matière sèche) et relever l'exception pour la fraise qui s'est montrée excessivement riche (4 milligr. 80 de titane p. 100 de matière sèche), ce qui donne un chiffre de 96 milligr. 66 p. 100 grammes de cendres. Il convient de remarquer que la fraise s'est montrée également très riche en manganèse.

8° Les algues ont été trouvées riches en titane ; certaines algues, comme le *Fucus vesiculosis*, contiennent jusqu'à 9 milligrammes de métal pour 100 grammes de matière sèche ;

9° Les champignons ne renferment que des faibles proportions de titane ;

10° Les noyaux : amande, noisette, n'en contiennent que des traces ;

11° Les graines sont très pauvres en titane, contrairement à ce qui a été trouvé pour le zinc et le fer, car, d'après les résultats de Benzon pour le zinc et de Nakamura pour le fer, les graines sont très riches en ces deux métaux. Les graines de café sont encore assez riches en titane 0 milligr. 4 p. 100 grammes de matière sèche, mais la teneur descend jusqu'à 0 milligr. 09 p. 100 pour les graines d'avoine. En analysant les différentes parties d'une graine, le blé par exemple, nous avons constaté que la plus forte proportion se trouve dans le son, tandis que la farine ne contient que des traces et que les germes n'en renferment pas du tout.

Javillier et Imas ont trouvé que la presque totalité du zinc et du manganèse est localisée dans le germe du grain de blé. Le même résultat a été obtenu par Guérithault en ce qui concerne le fer et le cuivre. Le son de riz est très riche en titane, contient 2 milligr. 61 p. 100 grammes de matière sèche, tandis que le riz poli en est exempt.

Une grande exception nous a été fournie pour la graine de cacao ; tandis que Geilmann ne décelait pas de titane dans le cacao, nous en avons trouvé de très fortes proportions : 5 milligr. 14 p. 100 grammes de matière sèche. En analysant les différentes parties de cette graine, nous avons constaté que les téguments renferment la totalité du titane, tandis que les cotylédons et les germes en sont exempts. Comme notre échantillon se trouvait recouvert d'une poudre brunâtre, nous avons cherché à voir si le titane n'était pas concentré dans cette poudre. Nous avons donc lavé les graines jusqu'à ce que les eaux de lavage ne soient plus colorées, puis nous avons réuni ces eaux de lavage et dosé le titane dans le résidu sec après évaporation au bain-marie. Nous avons trouvé que la presque totalité du titane se trouvait dans cette poudre. les téguments après lavage ne renfermaient plus qu'une très petite quantité. On peut donc supposer que les graines étaient souillées par une terre riche en titane. Nous n'avons pas pu nous procurer des gousses entières pour vérifier ces résultats.

DEUXIÈME PARTIE

INFLUENCE BIOLOGIQUE DU TITANE CHEZ LES VÉGÉTAUX

———

Les résultats fournis par la méthode analytique ne suffisent pas pour nous renseigner sur le rôle physiologique des différents éléments ; la présence constante d'un corps simple dans les cendres des plantes n'implique pas toujours la nécessité physiologique de ce corps et elle pourrait tenir au fait qu'il est toujours présent dans le milieu où se développent les végétaux. D'autre part certaines substances, n'existant qu'à l'état de traces dans les cendres, jouent un rôle très important pour les plantes correspondantes.

La méthode synthétique permet de se rendre compte de l'utilité de chaque élément. C'est elle que nous avons employée pour étudier l'influence du titane chez les végétaux.

CHAPITRE PREMIER

INFLUENCE DU TITANE
SUR LES VÉGÉTAUX INFÉRIEURS

C'est à Pasteur (1866) que nous devons les premières recherches sur l'influence exercée par les éléments minéraux sur les Mucédinées. Mais c'est Raulin qui, en 1870, dans son remarquable travail *Études chimiques sur la végétation*, établit d'une manière définitive l'importance de plusieurs éléments minéraux nécessaires au développement du *Sterygmatocystis nigra*. On peut classer ces éléments en plusieurs catégories, d'après leur action :

1° ÉLÉMENTS INDISPENSABLES. — Font partie de cette catégorie le potassium, l'azote, le soufre, le magnésium. En privant le milieu artificiel de ces éléments, le champignon ne se développe pas.

2° ÉLÉMENTS UTILES. — On range dans ce groupe les éléments qui agissent par de très petites quantités, tels que le Zn et Mn.

M. Javillier a mis en évidence l'action du zinc sur l'*Aspergillus* à l'énorme dilution de 1/50.000.000. Les résultats obtenus avec le manganèse par G. Bertrand sont encore plus extraordinaires ; il a montré l'influence de ce métal sur la végétation à des dilutions de 1/10.000.000.000.

3° ÉLÉMENTS INDIFFÉRENTS. — Mlle Robert a montré que le calcium est un élément indifférent pour le développement de l'*Aspergillus*. Agulhon a démontré la même chose pour le bore.

4° ÉLÉMENTS NOCIFS. — D'après Raulin, les sels de mercure (le bichlorure) sont encore nocifs à la dose de 1/500.000. G. Bertrand a montré que l'influence nocive du nitrate d'argent, mesurée par le retard de la germination ou la diminution de la récolte, se fait sentir jusqu'à la dilution d'une molécule gramme dans un million de litres, soit M/10 ou 0 gr. 0001 environ de métal par litre de liquide nutritif.

Nous avons essayé de savoir si le titane jouait un rôle dans la vie des végétaux inférieurs et, si oui, quel peut être ce rôle.

Nos recherches ont porté sur le *Sterygmatocystis nigra* (*Aspergillus niger*). Mucédinée qui se développe particulièrement bien et très rapidement à la surface des milieux liquides.

Tout d'abord nous avons voulu voir si les cultures faites avec le milieu de RAULIN renferment le titane même à l'état de traces.

La composition de ce milieu est la suivante :

Eau distillée	1.5'0 c.c.
Sucre candi	70
Acide tartrique	4
Nitrate d'ammoniaque	4
Phosphate	0,60
Sulfate	0,25
Carbonate de magnésium	0,40
Sulfate de zinc	0,07
Sulfate de fer	0,07
Carbonate de potassium	0,60
Silicate de potassium	0,07

Les cultures ont été faites dans des cuvettes en porcelaine recouvertes par des couvercles en verre, maintenus par des agrafes en aluminium, pour permettre l'entrée de l'air. Ce dispositif a été employé pour la première fois par G. BERTRAND.

Nous avons expérimenté sur 10 litres de liquide stérilisé à l'autoclave à 120° pendant vingt minutes. Nous avons ensemencé aseptiquement avec des baguettes de verre, afin d'éviter l'introduction de toute trace de métal. Les cuvettes ont été mises dans une chambre thermostat réglée à 35°. La récolte a été faite le quatrième jour. Les mycéliums sont lavés à l'eau bidistillée, séchés à 100° et pesés. Nous avons obtenu 145 grammes de matière sèche correspondant à 4,63 p. 100 de cendres. Le dosage a été fait sur toute la quantité et le titane n'a pas pu être mis en évidence.

Il semble donc que le développement de l'*Aspergillus* soit indépendant de la présence du titane.

Nous nous sommes demandé alors si le titane pouvait exercer

une action toxique et nous avons entrepris plusieurs séries de cultures avec des doses croissantes de titane. Le milieu employé a été celui indiqué par G. Bertrand. Il répond à la composition suivante :

EN GRAMMES

Eau pure, redistillée dans le vide.	200
Nitrate d'ammonium	0,60
Phosphate d'ammonium	0,08
Sulfate d'ammonium.	0,04
Sulfate de magnésium	0,17
Alun de fer.	0,0172
Sulfate de zinc.	0,0088
Sulfate de maganèse.	0,004
Carbonate de potassium.	0,08
Saccharose.	9,00
Acide succinique.	0,10

Le titane a été ajouté sous la forme de titanocitrate de soude, de sulfate de titane ou de fluotitanate de potassium, ayant soin de faire plusieurs séries témoins dans lesquelles nous ajoutions des quantités équivalentes de citrate de soude ou de fluorure de [K. Pour chaque dose, il a été préparé trois cuvettes, de façon à éliminer autant que possible l'erreur individuelle. Voici les résultats obtenus :

Série avec titanocitrate de soude. Sporulation normale.

Récolté le quatrième jour.

Ti EN MILLIGRAMMES	POIDS SEC EN GRAMMES		DIFFÉRENCE
	Avec Ti	Témoins sans Ti	
25	2,87	2,85	+ 0,02
10	2,82	2,70	+ 0,06
5	2,80	2,75	+ 0,05
1	2,80	2,72	+ 0,06
0,5	2,70	2,73	— 0,03
0,25	2,77	2,70	+ 0,03
0,10	2,65	2,05	0
0,05	2,22	2,18	+ 0,04
0,025	2,25	2,25	0
0,010	2,12	2,17	+ 0,05
0,005	2,12	2,07	+ 0,05
0,0025	2,15	2,13	+ 0,02
0,001	2,20	2,18	+ 0,02

Série avec fluotitanate de potassium. Sporulation retardée.

Récolté le huitième jour.

Ti en milligrammes	POIDS SEC EN GRAMMES		DIFFÉRENCE
	Avec Ti	Témoins sans Ti	
5	1,65	1,70	— 0,05
1	1,90	1.80	+ 0,10
0,5	2,05	2,07	— 0,02
0,2	2,37	2,27	+ 0,10
0,10	2,69	2,57	+ 0,13
0,05	2,77	2,75	+ 0,02
0,025	2,86	2,88	— 0,02
0,010	3,09	2,90	+ 0,19
0,005	2,91	2,78	+ 0,03
0,0025	3,03	2,90	+ 0,13
0,001	3,07	2,95	+ 0,12

Série avec sulfate de Ti. Sporulation normale.

Récolté le quatrième jour.

Ti en milligrammes	POIDS SEC EN GRAMMES		DIFFÉRENCE
	Avec Ti	Témoins sans Ti	
25	3,05	2,97	+ 0,08
10	3,08	3,22	— 0,14
5	3,24	3,26	— 0,02
1	3,32	3,28	+ 0,04
0,50	3,26	3,27	— 0,01
0,25	3,04	2,98	+ 0,06
0,10	3,11	3,07	+ 0,04
0,05	3,16	3,07	+ 0,09
0,025	3,21	3,09	+ 0,12
0,010	3,12	3,07	+ 0,05
0,005	3,15	3,11	+ 0,04
0,0025	3,07	3,03	+ 0,02
0,001	3,20	3,11	+ 0,07

De nos expériences, il résulte qu'il n'y a pas d'action favorisante de petites quantités de titane sur l'*Aspergillus*. Il semble également que le titane n'est pas un élément nocif, même pour des doses de 125 milligrammes par litre (soit 0 gr. 28 TiO^2), les récoltes sont aussi abondantes qu'en l'absence de cet élément.

CHAPITRE II

INFLUENCE DU TITANE
SUR LES VÉGÉTAUX SUPÉRIEURS

Dans la littérature, nous n'avons trouvé que très peu de renseignements sur ce sujet.

Antonin Nemec et Vaclav Kas (1923) ont trouvé que sous l'influence d'engrais contenant du titane on obtient avec le pois, la moutarde et la luzerne une notable augmentation de la récolte. Les plantes ont été cultivées en pots contenant chacun 20 kilogrammes de terre. Pour une concentration optima en titane, la récolte de moutarde est élevée de 35,3 p. 100 (0 gr. 5 de titanate de soude). La récolte de pois est élevée de 39,4 p. 100 (5 grammes de titanocitrate de soude). Avec la luzerne l'augmentation est de 28,75 p. 100. Les plantes soumises à l'action du titane en renfermaient plus que les plantes témoins. Pour la moutarde l'augmentation est de 59,12 p. 100 ; pour le pois, de 129 p. 100 et pour la luzerne de 13,73 p. 100 en TiO^2. Dans tous les cas, l'augmentation de la récolte va de pair avec l'augmentation de fixation du titane par les plantes. Le pourcentage de substance sèche récoltée croît en rapport direct avec l'augmentation de l'absorption du titane. Parallèlement à la résorption du titane, les quantités d'acide phosphorique et de silice croissent ou diminuent, tandis que la teneur en chaux baisse quand l'absorption du titane croît. La teneur en sesquioxydes (Fe, Al) de la substance sèche croît ou baisse avec la récolte de la masse de la plante. Mais, tandis que par une résorption de titane l'oxyde d'aluminium augmente, la teneur en oxyde de fer baisse comme si le fer était remplacé par le titane. L'intensité de la fixation du titane par les plantes dépend de la grandeur de la surface totale d'absorption. Ces auteurs pensent pouvoir conclure de leurs expériences que le titane participe aux processus d'assimilation chez les plantes vertes.

E. Blanck et F. Alten (1924) ont vérifié les résultats de Nemec et de Kas; contrairement à ces auteurs, ils ont trouvé que le titane, au moins sous la forme de titanate de soude, n'a aucune influence sur la récolte. Leurs recherches ont porté sur la moutarde et le maïs.

Enfin, C. Haas (1927) a arrosé de jeunes plants d'orangers avec des solutions contenant du sulfate de titane, et lui attribue une action favorable.

RECHERCHES PERSONNELLES

Nous avons entrepris une série de recherches afin de nous rendre compte si le titane jouait un rôle dans le développement des végétaux. Nous avons fait des cultures en milieu liquide et nos essais ont porté sur le sarrasin et le colza. Nous ne pouvons malheureusement pas indiquer les résultats finaux, car un accident survenu à l'époque de la floraison des plantes les a détruites et nous a empêché de tirer des conclusions définitives.

a) **Cultures en milieu liquide stérile. Technique de Javillier.**

Stérilisation des graines. — Pour stériliser les graines nous les avons agitées trois fois avec de l'eau bidistillée, puis trois fois avec une solution de sublimé à 2 p. 1.000 et ensuite lavées six fois à l'eau bidistillée stérile. Il faut avoir soin d'utiliser des graines dont les téguments soient intacts. Par ce procédé on a constaté, à la germination, un déchet de 25 à 30 p. 100 pour le sarrasin.

Nous avons remplacé le sublimé à 2 p. 1.000 par une solution de chloropicrine à 1 p. 1.000. Dans ce cas on obtient de bons résultats, car le déchet s'abaisse de 5 à 10 p. 100.

Germination. — Les graines sont mises à germer d'après le procédé indiqué par L. Silberstein, dans des tubes contenant 10 cent. cubes d'eau distillée et bouchés par deux tampons d'ouate. Ces tubes sont stérilisés à l'autoclave. Après refroidissement on enlève le premier tampon d'ouate avec une pince stérilisée, on enfonce avec une baguette en verre stérilisée le deuxième tampon en coton hydrophile jusqu'à la surface de l'eau et on ensemence aseptiquement avec une graine préalablement stérilisée. Quand la racine atteint environ 1 centimètre de longueur on transporte aseptiquement les graines sur le milieu nutritif.

Technique de Javillier. — On utilise des flacons d'une capacité de 500 à 1 000 cent. cubes (nous en avons employé de 500 cent. cubes). Les flacons sont à fond plat en verre mince et stérilisables à l'autoclave. Leur col large est bouché par un bouchon de liège que traversent deux tubes en verre ; un de ces tubes est de 7 à 8 centimètres de longueur ; à son extrémité inférieure est fixé un diaphragme de gaze destiné à recevoir la graine ; l'autre tube, plus mince, recourbé, formant siphon, peut servir à l'introduction ultérieure d'une nouvelle quantité de liquide. L'extrémité libre de ce siphon est munie d'un tube court en caoutchouc qu'obstrue un fragment de tige en verre plein. Le premier tube est surmonté d'un deuxième tube plus large de 15 centimètres environ de longueur, fixé autour du premier avec du coton et bouché à son extrémité libre par un tampon d'ouate. On introduit environ 450 cent. cubes de liquide nutritif, on fixe les bouchons au col des flacons et on stérilise à l'autoclave à 120° pendant vingt minutes. Après refroidissement les bouchons de liège sont paraffinés et les flacons sont prêts pour l'ensemencement. La solution nutritive employée est celle indiquée par Agulhon :

EN GRAMMES

```
Nitrate de calcium.......................... 0,509
Nitrate d'ammoniaque ....................... 0,500
Phosphate acide de potassium................ 0,697
Sulfate de magnésium........................ 0,506
Alun de potasse ............................ 0,100
Sulfate de fer ammoniacal................... 0,0175
Sulfate de manganèse ....................... 0,004
Chlorure de sodium ......................... 0,050
Iodure de potassium......................... 0,004
Silicate de potassium ...................... 0,100
Sulfate de zinc............................. 0,004
Eau bidistillée, quantité suffisante pour 1.000 cent. cubes.
```

MISE EN PLACE DE LA JEUNE PLANTULE. — On soulève le tampon de ouate qui ferme l'extrémité du grande tube et à l'aide d'une pince stérilisée on projette sur le diaphragme de gaze la petite plantule. On place ensuite les flacons à la lumière en ayant soin de les placer dans des boîtes en carton pour empêcher l'action de la lumière sur les racines.

Lorsque la partie aérienne de la plante a poussé jusqu'à toucher le tampon d'ouate qui ferme le tube supérieur, on enlève ce tube et on fixe la tige dans le tube inférieur à l'aide de coton stérilisé.

Cette technique nous a donné de bien mauvais résultats pour le sarrasin; car, par suite d'un excès de fragilité de racines ou parce que la graine est trop sèche, la petite plantule se développe seulement pendant dix jours, puis la croissance s'arrête et les plantes meurent rapidement. Il faut noter aussi que, l'été étant trop chaud, les plantes avaient une grande transpiration.

Nous avons donc repris les expériences en nous inspirant de la méthode indiquée par SACHS.

b) **Cultures en milieu liquide non stérile. Méthode de Sachs.**

On fait préalablement germer les graines. Nous avons essayé de faire germer les graines de colza et de sarrasin sur du sable de Fontainebleau, lavé à l'acide chlorhydrique et à l'eau jusqu'à réaction neutre des eaux de lavage. Le sable est placé dans des cuvettes en porcelaine semblables à celles employées pour la culture du *Sterygmatocystis nigra*, et humecté avec de l'eau bidistillée stérile. Les graines stérilisées à la chloropicrine sont placées à la surface du sable à l'aide d'une pince stérile et réparties de manière à laisser 2 à 3 centimètres d'espace entre chaque graine. On place le tout à l'étuve à 25°, on ajoute de temps en temps plusieurs centimètres cubes d'eau distillée stérile. Cette technique réussit assez bien pour le sarrasin, mais le colza ne donne que de faibles résultats.

Nous avons essayé de faire germer le colza et le sarrasin dans de la sciure de bois. On place de la sciure de bois dans de grandes cuvettes en porcelaine et on humecte convenablement

avec de l'eau distillée. Les graines sont ensuite réparties à la
surface de la cuvette. On place tout le système à l'étuve à 25°
et on humecte tous les jours avec 10 à 15 cent. cubes d'eau distillée. La germination est merveilleuse ; on obtient dans trois
jours pour le colza une vraie forêt et les plantules atteignent
7 à 8 centimètres de longueur. Pour le sarrasin il faut cinq à
six jours pour obtenir le même résultat.

Les plantules sont ensuite enlevées et les racines très soigneusement débarrassées de la sciure et lavées à l'eau distillée.
Il faut faire très attention pour ne pas arracher les radicelles
les plus fines. Les plantules ainsi préparées sont transportées
sur les flacons préparés de la manière suivante : des flacons de
500 cent. cubes sont remplis avec le liquide nutritif et fermés
avec des bouchons de liège percés d'un trou et divisés en deux
par un trait de scie longitudinal. La petite plantule est fixée
dans le trou entre les deux moitiés du bouchon à l'aide de
de petits tampons en coton. On s'arrange de manière que les
racines plongent dès le début dans le liquide nutritif. Une fois
les plantules fixées on met les flacons dans des boîtes en carton
et on les place devant une fenêtre.

On constate les premiers jours un léger développement, après
quoi les plantes restent dans un état stationnaire pendant
quelque temps, puis se fanent et meurent.

Nous avons remplacé alors le milieu nutritif d'Agulhon par
celui indiqué par Knop. Il répond à la formule suivante :

EN GRAMMES
—

Nitrate de calcium	1
Sulfate de magnésium	0,25
Phosphate monosodique	0,25
Chlorure de potassium.	0,12
Perchlorure de fer	Traces.
Eau bidistillée, quantité suffisante pour 1.000 cent. cubes.	

Dix jours après la fixation des plantes, on remplace le contenu des flacons par du liquide nutritif neuf, et on ajoute des
doses croissantes de titane. Le titane a été ajouté sous la forme
de titanocitrate de soude. Pour chaque dose, il a été fait trois
flacons ainsi que plusieurs séries de témoins.

Le colza se développe très bien au début, mais après dix

jours cesse de pousser et reste stationnaire pendant très longtemps, après quoi il commence à se faner et meurt. Il est pro-
bable que les deux milieux liquides employés par nous ne
conviennent pas à la culture de cette plante.

Le sarrasin se développe assez bien et nous sommes arrivé
à avoir nos plantes à l'époque de la floraison vingt-cinq jours
après leur mise en flacon. C'est malheureusement à ce moment
qu'un accident est survenu et a détruit nos plantes.

Nous pouvons toutefois affirmer que jusqu'à l'époque de la
floraison, c'est-à-dire pendant la première partie de la végétation, nous n'avons aperçu aucune différence entre les plantes
ayant reçu du titane et les plantes témoins, pour des doses
variant de 10 milligrammes de Ti jusqu'à 0 milligr. 001 Ti, par
flacon.

Nous nous proposons de reprendre ces expériences et de
tâcher de résoudre le problème du rôle physiologique du titane
chez les plantes.

TROISIÈME PARTIE

PRÉSENCE DU TITANE CHEZ LES ANIMAUX

CHAPITRE PREMIER

HISTORIQUE

G. O. REES, en 1835, poursuivant des recherches sur l'existence du titane dans l'organisme, prétend avoir décelé ce dernier dans le sang humain. Dans un autre travail, il prétend avoir trouvé des traces de titane dans les surrénales. D'après cet auteur le titane accompagne le fer dans l'organisme animal. Ces affirmations ont été contestées par MARCHAND (1839) qui n'a pas pu déceler le titane dans un demi-litre de sang humain ni dans les surrénales.

C. BASKERWILLE, en 1899, a trouvé dans les cendres de divers organes des quantités variables de titane : voici tous les résultats qu'il a obtenus.

	POURCENTAGE de cendres en TiO^2
Os de bœuf	0,0195
Viande de bœuf	0,13
Os de l'homme	Traces.
Muscles	0,0325

HOWE confirme la présence du titane dans les os mais n'a pas pu déceler celui-ci dans les muscles.

4

M. Schoofs (1922) en étudiant l'activité physiologique des sels de titane sur les animaux n'a pas trouvé de titane dans le foie, la rate, les reins, la vessie, le cœur, le poumon des cobayes auxquels on a administré de l'oxyde de titane par la bouche pendant trente jours, à raison de 0 gr. 20 par jour. La présence du titane a pu être mise en évidence dans l'estomac et l'intestin. L'oxyde de titane n'est pas nuisible, le poids des animaux mis en expérience a augmenté. L'oxyde de titane ne paraît pas se résorber activement et ne se localise pas dans les organes. On le retrouve constamment dans le tube digestif. Il est à remarquer qu'il est possible de retrouver le titane dans l'estomac et dans l'intestin très longtemps et même des mois après l'ingestion, alors que les doses n'ont pas été renouvelées. Des essais faits sur un cobaye normal, qui n'avait pas reçu du titane, n'ont pas permis de déceler le titane dans ses organes ni même dans son estomac ou son intestin.

C. Richet (1925) a trouvé que les sels de titane (le citrate de titane) ne sont pas toxiques et que, ingérés quotidiennement à la dose de 1 gramme, ils n'exercent aucune action nocive sur la nutrition.

Ragnar Berg (1925) a trouvé après de minutieuses analyses des traces de titane dans l'urine.

B. Lehmann, en 1927, a entrepris une série de recherches pour voir si l'oxyde de titane qui est employé de plus en plus par l'industrie des peintures blanches a une action nocive. Il a administré du TiO_2 à plusieurs chats pendant sept mois environ : 3 grammes par jour. L'animal ne présentait aucun changement pendant le traitement. A l'autopsie, on n'a pas pu déceler le titane dans les organes suivants : bile, foie, rein, cœur, rate, muscle et os. Dans l'estomac et l'intestin il a été trouvé 47,3 de TiO_2 p. 100 de cendres. Le titane n'a pas été trouvé dans les organes d'un chat normal qui n'avait pas été soumis au traitement. L'oxyde de titane n'est pas nocif, d'après les recherches de l'auteur, chez le chien, chat, cobaye et lapin.

CHAPITRE II

RECHERCHES PERSONNELLES

On voit, d'après les différents auteurs, que la présence du titane dans l'organisme animal n'est pas prouvée avec certitude. Nous avons entrepris une série de 47 dosages dont nous allons dégager les conclusions.

Presque tous nos échantillons proviennent du commerce.

Les dosages ont été faits d'après les méthodes indiquées pour les plantes.

Les organes, soigneusement débarrassés du sang, ont été lavés à plusieurs reprises avec de l'eau distillée et séchés entre deux papiers filtre. Une partie, environ 25 grammes, de matière fraîche était mise à l'étuve à 50° d'abord, puis à 100° jusqu'à l'obtention du poids constant. Sur cette même partie on déterminait le poids des cendres et la teneur en phosphore. Une prise d'essai de 100 grammes était rapidement desséchée et incinérée au four à moufle avec les mêmes précautions décrites ci-dessus pour les plantes. Pour obtenir des cendres blanches plusieurs lessivages ont été nécessaires. Les résultats de nos dosages sont consignés dans les tableaux des pages 52 et 53.

CONCLUSIONS ET INTERPRÉTATION DES RÉSULTATS

De l'examen de ces tableaux, il résulte que :

1° La présence du titane chez les animaux n'est pas constante. On le retrouve surtout chez les animaux de grande taille.

2° *Chez les animaux de grande taille.* — Parmi les organes analysés, chez le Cheval, le Mouton, le Veau et le Porc, le foie

ANIMAUX	ORGANES	TENEUR en matière sèche p. 100	TENEUR en cendres p. 100	TENEUR en phosphore p. 100	PRISE d'essai en grammes de matière fraîche	TENEUR EN Ti exprimé en milligrammes pour 100 grammes de		
						matière fraîche	matière sèche	cendres
Cheval.........	Foie.	30,90	2,11	0,24	100	0,C6	0,20	2,83
	Cœur.	21,31	1,14	0,28	100	0,03	0,14	2,63
	Poumon.	19,46	1,03	0,18	100	0,03	0,15	2,91
	Rein.	17,54	1,37	0,18	100	0,03	0,17	2,19
	Muscle.	21,92	1,13	0,10	100	0	0	0
	Sang.	79,56	1,40	0,12	250	0	0	0
Veau.........	Foie.	29,86	2,00	0,23	100	0,06	0,20	3,00
	Cœur.	21,47	1,27	0,25	100	0,03	0,14	2,37
	Poumon.	22,51	1,65	0,23	100	0,03	0,13	1,81
	Rein.	24,87	1,50	0,26	100	0,03	0,12	2,00
	Muscle.	25,08	1,30	0,12	100	0	0	0
	Cerveau.	21,48	1,69	0,30	100	0	0	0
	Moelle.	94,92	1,05	1,60	100	0	0	0
Mouton.........	Foie.	29,72	1,80	0,22	100	0,06	0,20	3,33
	Cœur.	22,05	1,15	0,20	100	0,03	0,13	2,60
	Poumon.	20,17	1,79	0,22	100	0,03	0,14	1,67
	Rein.	19,98	1,37	0,20	100	0,03	0,16	2,19
	Muscle.	25,11	1,33	0,10	100	0	0	0
	Cerveau.	23,66	1,69	0,40	100	0	0	0
Porc.........	Foie.	29,99	1,95	0,26	100	0,05	0,16	2,56
	Cœur.	22,39	1,21	0,28	100	0,03	0,13	2,47
	Poumon.	22,36	1,79	0,26	100	0,03	0,13	1,72
	Rein.	18,96	1,30	0,23	100	0,03	0,16	2,30

Lapin	Cœur.	20,17	1,16	0,15	100	0	0	0
	Poumon.	21,18	1,45	0,16	100	0	0	0
	Rein.	21,95	1,55	0,20	100	0	0	0
	Muscle.	21,89	1,42	0,07	100	0	0	0
	Cerveau.	26,04	2,10	0,35	100	0	0	0
	Poils.	91,00	1,51	0,22	100	0,21	0,22	13,90
Poulet	Foie.	33,42	1,74	0,26	100	0	0	0
Merlan	Entier, vidé de son contenu intestinal.	22,05	2,55	0,10	100	0,09	0,40	3,53
Hareng	Entier, vidé de son contenu intestinal.	26,63	2,20	0,12	100	0,03	0,18	2,27
Maquereau	Entier, vidé de son contenu intestinal.	24,00	2,41	0,09	100	0,03	0,12	1,32
Carpe.	Entière, vidée de son contenu intestinal.	27,45	2 56	0,13	100	0,04	0,15	1,61
Eperlan.	Entier, vidé de son contenu intestinal.	23,00	3,70	0,07	100	0,03	0,13	1,35
Huître	Entière, sans coquille.	13,98	2,28	0,06	100	0,30	2,14	13,17
Coque	Entière, sans coquille.	14,86	2,71	0,05	100	0,30	2,05	11,08
Moule	Entière, sans coquille.	21,93	1,87	0,07	100	0,60	2,73	32,18
Coquille Saint-Jacques.	Entière, sans coquille.	21,71	1,65	0,06	100	0,18	0,83	10,88
Escargot de Bourgogne.	Sans coquille.	16,21	1,70	0,12	100	0,06	0,36	3,53
Escargot	Petit-gris, sans coquille.	12,70	1,74	0,10	100	0,06	0,46	3,44
Tourteau	Entier, sans carapace.	17,58	2,43	0,06	100	0,60	3,40	24,40
Langoustine	Entière, sans carapace, chair.	18,85	1,93	0,05	100	0,12	0,63	6,21
	Partie antérieure.	18,18	4,78	0,12	50	3,24	17,43	67,31

est le plus riche. Les autres organes tels que le cœur, le poumon, le rein ne renferment que des traces de titane. Les muscles, le cerveau, la moelle et le sang en sont exempts.

3° *Chez les animaux de petite taille.* — Chez le Lapin le titane n'a pas pu être mis en évidence dans le foie, le cœur, le poumon, le rein, le muscle et le cerveau. Dans le foie de Poulet le résultat a été également négatif.

4° Les poils de Lapin sont relativement riches, avec une teneur de 0 milligr. 22 Ti pour 100 grammes de matière sèche.

5° Parmi les poissons, le Merlan est le plus riche, 0 milligr. 40 Ti p. 100 grammes de matière sèche. Les autres poissons examinés : le Maquereau, le Hareng, la Carpe et les Éperlans ne renferment que des traces.

6° Les mollusques sont en général riches en titane. Les Moules sont les plus riches avec une teneur de 2 milligr. 73 Ti pour 100 de matière sèche. Suivent après les Huîtres, 2 milligr. 14 p. 100, les Coques 2 milligr. 05 et la Coquille Saint-Jacques 0 milligr. 83 p. 100. Les escargots sont encore assez riches, la variété petit-gris renfermant une teneur un peu plus grande (0 milligr. 46 p. 100) que la variété dite de Bourgogne (0,36 p. 100).

7° Parmi les crustacés, nous avons examiné le Tourteau et les Langoustines. Le Tourteau qui a été analysé en entier s'est montré riche avec une teneur de 3 milligr. 40 p. 100. Les Langoustines nous ont donné 0 milligr. 63 p. 100 pour la chair et 17 milligr. 43 p. 100 pour la partie antérieure de l'animal comprenant la tête et tous les viscères. Pour expliquer cette haute teneur en titane, nous supposons, comme le dosage a été fait sur l'animal entier sans séparer l'intestin et son contenu, que le contenu intestinal renfermait des traces de sables titanifères.

CONCLUSIONS GÉNÉRALES

Dans ce travail nous avons essayé de constater la présence générale et constante du titane chez les végétaux et les animaux et de rechercher l'utilité de cet élément.

a) Les dosages du titane chez les végétaux nous ont montré (à deux ou trois exceptions près) la présence constante du titane dans le règne végétal. Nous avons pu constater aussi la haute teneur des feuilles vertes en cet élément.

b) Chez les animaux les 47 dosages faits ne prouvent pas la présence constante du titane dans le règne animal. Les mollusques se sont montrés généralement riches en cet élément, suivant la règle trouvée pour les autres métaux comme le zinc et le manganèse.

Au point de vue utilité, le titane est complètement inactif sur le *Sterygmatocystis nigra*.

Sur les plantes vertes, nous n'avons pas pu constater le rôle physiologique du titane, jusqu'à l'époque de la floraison. La haute teneur des feuilles vertes en cet élément fait penser qu'il pourrait agir comme un catalyseur chimique dans le processus de l'assimilation. C'est ce que nous nous proposons de rechercher dans un travail futur.

BIBLIOGRAPHIE

1. Aderhold. *Biochemie der Pflanze* (cité d'après Czapek), **2**, 1920, 507.
2. Agulhon, Recherches sur la présence et le rôle du bore chez les végétaux. *Thèse Sc. Paris*, 1910.
3. Apjohn (Rich), On the occurrence of Vn and Ti in traps-rocks. *Ch. News*, **26**, 1872, 183.
4. Auerbach (F.), L'état de l'H^2S dans les sources minérales. *Zeit. Physik. Ch.*, **49**, 1904, 217.
5. Baskerwille (Ch.), On the universal distribution of Titanium. *Journ. Amer. Chem. Soc.*, **21**, 1899, 1099.
6. Benzon, La présence du zinc dans les aliments d'origine végétale. *Thèse Sc. Paris*, 1923.
7. Berg (Ragner), Das Vorkommen seltener Elemente in den Nahrungsmitteln und menschlichen Ausscheidungen. *Bioch. Zeit.*, **165**, 1925, 461.
8. Bertrand (G.), Sur l'extraordinaire sensibilité de l'*Aspergillus niger* vis-à-vis du manganèse. *Bull. Soc. Ch. de France*, 4e série, **11**, 1912, 403.
9. Bertrand (G.), L'argent peut-il à une concentration convenable exciter la croissance de l'*Aspergillus niger*? *C. R. Ac. Sc.*, **158**, 1914, 1213.
10. Bertrand (G.) et Mme Rosenblatt, Sur la répartition du manganèse dans le règne végétal. *Ann. Institut Pasteur*, **36**, 1922, 230 .
11. Blanck (E.) et Alten (F.), Ein Beitrag zur Frage nach der Einwirkung des Titans auf die Pflanzenproduktion. *Journ. f. Landwirtschaft*, **72**, 1924, 103.
12. Brett et Bird, Titangehalt der hessichen Tiegel. *Ch. Centralblatt*, **2**, 1835, 702.
13. Butler et Baxter, Revision du poids atomique du titane. *Ann. ch. Anal.*, **10**, n° 5, 1928, 744.
14. Caleb (Mc), On TiO^2 in soils. *Am. Ch. Journal*, **10**, 1888, 1883.
15. Cavazzi (A.), Presence and determination of phosphoric anhydride and of titanium in some italian pozzuolanas. *Ch. Abstr.*, **13**, 1919, 1985.
16. Cavazzi (A.), Quautitative determination of titanium in some italian pozzuolanas. *Ch. Abstr.*, **14**, 1920, 705.
17. Clarke (W.), The relative abundance of the chemical elemeuts. *Ch. News*, **61**, 1894, 31.

18. Cornec (E.), Etude spectrographique des cendres de plantes marines. *C. R. Ac. Sc.*, **168**, 1919, 513.

19. Czapek. *Biochemie der Pflanze*, **2**, 1920, 451 et 507.

20. Damour et Descloizeaux, Examen de divers échantillons de sables aurifères et platinifères. *Ann. de Ch. et de Phys.*, **51**, 1857, 445.

21. Demoly, Recherches sur le titane et ses combinaisons. *C. R. Ac. Sc.*, **25**, 1847, 82.

22. Dunnigton (B. F.), On metatitanic acid and the estimation of Titanium by Hydrogen peroxyde. *Journ. Amer. Chem. Soc.*, **13**, 1891, 210.

23. Dunnigton, Distribution of titanic oxyde upon the surface of the earth. *Ch. News*, **65**, 1892, 65.

24. Fribourg et Pellet, Le dosage de l'acide titanique dans les sols et dans les cendres des végétaux. *Bull. de l'Assoc. des Chimistes de Sucrerie et Distillerie*, **23**, 1905, 67.

25. Geilman, Ueber die Verbreitung des Titans in Böden und Pflanzen. *Journ. f. Landwirtschaft*, **68**, 1928, 35.

26. Geilmann et Blanck, Etivas ueber die chemische kennzeichnung des Tons und Kaolins. *Journ. f. Landwirtschaft*, **70**, 1922, 253.

27. George (Mc), Soils. *Ex. St. Record*, **24**, 1913, 210.

28. Gregor. *J. Ph. Sc. Nat.*, **39**, 1791, 72 (cité d'après Moissan).

29. Griffith (A. B), La cendre volcanique de la Montagne Pelée. *Bull. Soc. Ch. de France*, **32**, 1904, 444.

30. Griffiths-Jones, Titanium in Nile Silt. *The Analyst*, **48**, 1923, 320.

31. Guerithault, Recherches et dosages de très petites quantités de cuivre chez les végétaux. *Bull. Soc. de Pharmacie*, 1913, 663.

32. Haas (C.), Significance of traces of elements not ordinarly added to culture solution, for growth of young orange trees. *Ch. Abstr.*, **2**, 1927, 2013.

33. Headden, Ti, Ba, Str, and Li in certain plants. *Ch. Abstr.*, 1925, 2361.

34. Headden, Titanic acid in the potato tuber. *Ch. Abstr.*, 1925, 2361.

35. Hecht. *J. des Mines*, **4**, n° 19, 57 (cité d'après Moissan).

36. Henderson, Orr and Whitehead, The action of certain acidic oxydes on salts of hydroxy-acids. *Journ. of Ch. Soc.*, **75**, 1899, 554.

37. Hillebrand, Warning against the use of fluoriferous Hydrogen peroxyde in estimating titanium. *Journ. of Am. Ch. Soc.*, **17**, 1895, 718.

38. Hillebrand, Die Analyse der Silikat und Karbonatgesteine, Leipzig, 1910.

39. Howe. *J. Am. Ch. Soc.*, **21**, 1899, 1093 (cité d'après Baskerwille).

40. Jackson (Ed.), On a new test of titanium and the formation of a new oxyde of the metal. *Ch. News*, **47**, 1883, 177.

41. Javillier (M.), Recherches sur la présence et le rôle du zinc chez les végétaux. *Thèse Sc. Paris*, 1908.

42. Javillier (M.) et Imas, Le manganèse et le zinc dans les graines de blé. *Bull. Soc. Ch. Biol.*, **8**, 1924, 714.

43. Klaproth. *Mémoires chimiques*, trad. française, **2**, 1795, 70.

44. Knop, Ueber die Ernährung der Pflanzen durch wässerige Lösungen bei Ausschluss des Bodens. *Landw. Versuchtstat*, **2**, 1860, 65 et 270 et 1861, **3**, 295.

45. Lehmann (B.), Studien über die hygienischen Eigenschaften des Titandioxyds und des Titanweiss. *Ch. Zeitung*, **51**, 1927, 793.

46. Lippmann (Ed.), Ueber einige seltenere Aschenbestandtheile aus zuckerfabriks-Schlempekohlen. *Ber. deut. Gesell.*, **30**, 1897, 3037.

47. Lippmann, Einige seltene Bestandteile der Aschen von Zuckerfabrik produkten. *Ber. deut. ch. Gesell.*, **58**, 1925, 426.
48. Marchand (F. R.), Angebliches Vorkommen des Titans in menschlichen Körper. *Journ. für prak. Ch.*, **16**, 1839, 372.
49. Mazade, Note. *C. R. Ac. Sc.*, **34**, 1852, 952.
50. Meyer (J.) et Pawletta (A.), Ueber den Nachweis der Vanadinsäure mit Wasserstoffsuperoxyd. *Zeit. für analyt. Ch.*, **69**, 1926, 15.
51. Meyer et Seubert, Die Atomgewichte der Elements. Leipzig, 1883.
52. Moissan (H.). *Traité de Chimie minérale*, **2**, 490 et 492.
53. Nakamura. Recherches sur le besoin de fer de l'organisme animal et sur le problème de la carence alimentaire. *Thèse Sc. Paris*, 1924.
54. Nemec (A.) et Vaclav (Kas). Studien über die physiologische Bedeutung des Titans in Pflanzenorganismus. *Bioch. Zeit.*, **140**, 1923, 583.
55. Noyes. The colorimetric determination of Titanium. *Journ. Anal. and Appl. Chem.*, **5**, 1891, 39.
56., Oswald. *Lhèrbuch der allgemeinen Chemie*, **30**, 1891, 39.
57. Pasteur, Mémoire sur la fermentation alcoolique. *Ann. Ch. et Ph.*, **58**, 1860, 3e série, 323.
58. Pavelka (F.), Ueber Tüpfelreaktionen zum Nachweiss von Titan, Zirkonium und Thorium. *Microchemie*, 1926, 193.
59. Raulin, Etudes chimiques sur la végétation. *Thèse Sc. Paris*, 1870.
60. Rees, Ueber Titansäure im Blute. *Journ. fur prakt. Chemie*, **5**, 1835, 134.
61. Rees, Titan in den Nierenkapseln. *Ch. Centralblatt*, **1**, 1835, 445.
62. Richet, Gardner et Goodbrody, Effet des sels de Zn, Ti et Mn sur la nutrition. *C. R. Ac. Sc.*, **2**, 1923, 1103.
63. Rilley (Ed.), On the occurrence cf Titanic acid in clays and the method employed to estimate it. *Journ. of the Ch. Soc. of London*, **15**, 1862, 311.
64. Robert (Mlle), Recherches sur le rôle physiologique du calcium chez les végétaux, *Thèse Sc., Paris*, 1915.
65. Robinson (W. O.), The inorganic composition of some important american soils. *Ex. St. Record.*, **29**, 1913, 719.
66. Robinson (W. O.), Steinkönig (L. A.) and Miller (F.), The relation of some of the rarer elements in soils and plants. *Ex. St. Record*, **38**, 1918, 409.
67. Rose, Sur le titane. *Ann. Ch. et Phys.*, **21**, 1822, 370.
68. Rose, Sur le poids atomique du titane. *Ann. de Ch. et de Phys.*, **44**, 1830, 451.
69. Roussel (V.), Sur la présence et le dosage du titane et du vanadium dans les basaltes des environs de Clermont-Ferrand. *C. R. Ac. Sc.*, **77**, 1873, 1102.
70. Sachs, Erziehung von Landpflanzen im Wasser. *Landw. Versuchstat*, **3**, 1861.
71. Schön, Ueber das Verhalten des Wasserstoffsuperoxyds zu Molybdän und Titansäure. *Zeit. für analyt. Ch.*, **9**, 1871, 41 et 330.
72. Schoofs (M.), Localisation du titane dans l'organisme des animaux. *Bull. de l'Ac. de Médecine de Belgique*, **2**, 1922, 5e série, 473.
73. Silberstein (L.), Contribution à l'étude du soufre dans le sol et chez les végétaux. *Thèse Sc. Paris*, 1928.
74. Steinkönig (A.), Distribution of certain constituents in the separates of loam soils. *Ex. St. Record*, **31**, 1914, 618.
75. Thorpe, Ueber das Atomgewicht des Titans. *Ber. d. deut. chem. Gesell.*, **16**, 1883, 3014.

76. Traetta-Mosca, Il titanio ed metalli rali nelle ceneri delle foglie di tabacco Kentucky coltivata in Italia. *Gaz. ch. ital.*, **43**, 1913, 2.
77. Treadwell. *Manuel de chimie analytique*, édit. franç., **2**, 1912, 93.
78. Ullmann et Boyer, Détermination du titane dans diverses roches argileuses. *Bull. Soc. Ch. de France*, **8**, 1910, 1557.
79. Vauquelin. *Ann. du Muséum d'hist. nat.*, **6**, 1805, 93 (cité d'après Moissan).
80. Vogt (G.), Sur la présence fréquente de l'acide titanique dans les argiles. *Rev. gén. de Ch. pure et appl.*, **7**, 1904, 271.
81. Wait (Ch.), The occurrence of Titanium. *Journ. Am. Ch. Soc.*, **18**, 1896, 402.
82. Walton (J.), The colorimetric determination of Titanium. *Journ. Am. Ch. Soc.*, **29**, 1907, 481.
83. Weller (A.), Zur Erkennung und Bestimmung des Titans. *Ber. d. deut. ch. Gesell*, **3**, 1882, 2592.
84. Woy. *Manuel de chimie analytique* (cité d'après Treadwell) édit. franç., **2**, 1912, 405.

TABLE DES MATIÈRES

Pages

Introduction.   7

PREMIÈRE PARTIE

PRÉSENCE DU TITANE CHEZ LES VÉGÉTAUX

Chapitre Ier. — Le Titane. Quelques propriétés chimiques et
    analytiques. 11
Chapitre II. — Méthodes de dosage du Titane . . . . — 14
Chapitre III. — Historique. 21
    Recherches personnelles 23
    Conclusions. 27

DEUXIÈME PARTIE

INFLUENCE BIOLOGIQUE DU TITANE CHEZ LES VÉGÉTAUX

Chapitre Ier. — Influence du Titane sur les végétaux inférieurs . 38
Chapitre II. — Influence du Titane sur les végétaux supérieurs . 42

TROISIÈME PARTIE

PRÉSENCE DU TITANE CHEZ LES ANIMAUX

Chapitre Ier. — Historique. 49
Chapitre II. — Recherches personnelles . . . . — 51
    Conclusions. 51

Conclusions générales. 55

Bibliographie 57

32347. — Imprimerie de la Cour d'Appel, 1, rue Cassette, Paris. — 1929.